DL/T 1417—2015

目 次

前言 ··· Ⅱ
1 范围 ·· 1
2 规范性引用文件 ·· 1
3 术语和定义 ·· 1
4 运行维护工作基本要求 ··· 2
5 运行技术要求 ··· 2
6 验收 ·· 2
7 运行 ·· 3
8 资料管理 ··· 5
9 备品备件 ··· 5
10 报废 ·· 5
11 运行管理人员技术要求 ··· 5

Ⅰ

前 言

本标准由中国电力企业联合会提出。

本标准由电力行业电力电容器标准化技术委员会归口。

本标准起草单位：国网重庆市电力公司电力科学研究院、国网重庆市电力公司、国网中国电力科学研究院、南方电网科学研究院有限责任公司、国网浙江省电力公司电力科学研究院、国网北京市电力公司、广州供电局有限公司、国网江苏省电力公司、山东迪生电气股份有限公司、南通富士特电力自动化有限公司。

本标准主要起草人：吕志盛、徐瑞林、朱小军、陈涛、印华、赵启承、李锐海、廖一帆、侯义明、刘建军、钟锦群、孙士民、张澎、李华忠、于辉、孙白、郑爱霞、吴迎霞。

本标准在执行过程中的意见或建议反馈至中国电力企业联合会标准化管理中心（北京市白广路二条一号，100761）。

DL/T 1417—2015

低压无功补偿装置运行规程

1 范围

本标准规定了低压无功补偿装置的运行技术条件、运行维护管理、验收、故障处理等内容。

本标准适用于低压无功补偿装置（以下简称为装置）的运行和管理。

2 规范性引用文件

下列文件对于本文件的应用是必不可少的。凡是注日期的引用文件，仅注日期的版本适用于本文件。凡是不注日期的引用文件，其最新版本（包括所有的修改单）适用于本文件。

GB/T 22582 电力电容器 低压功率因数补偿装置

GB/T 50065 交流电气装置的接地设计规范

DL/T 842 低压并联电容器装置使用技术条件

《中华人民共和国电力法》 第八届全国人民代表大会常务委员会 中华人民共和国主席令第60号 1996年4月1日

《电力设施保护条例》 国务院 国务院令第239号 1998年1月7日

《电力设施保护条例实施细则》 国家发展和改革委员会 第10号令 2011年6月30日

《电力安全生产监管办法》 国家电力监管委员会 2号令 2004年3月9日

3 术语和定义

下列术语和定义适用于本文件。

3.1

低压无功补偿装置 low voltage reactive power compensation device

由一个或多个低压电容器组和与之相关的开关设备、控制、测量、信号、保护等设备组装在一起的组合体，电压等级为380V。

3.2

装置缺陷 device defect

装置的完好性受到破坏，但还可继续运行，以下简称为缺陷。

3.3

装置故障 device fault

由于装置的电气或机械性能被破坏，导致装置不能正常运行的情况，以下简称为故障。

3.4

巡视检查 route inspection

为提高安全可靠性，及时发现可能存在的缺陷或隐患，运行人员根据运行状态对管辖范围内的装置进行的经常性观测、检查、记录等。

3.5

技术资料 technical records

有关装置验收和运行维护的全部文件和资料，通常包括原始资料、施工资料、验收资料、运行资料和维护检修资料等。

1

3.6

备品备件 spare parts

备用的物品和备用的零件。

4 运行维护工作基本要求

4.1 装置运行维护应遵循《中华人民共和国电力法》、《电力设施保护条例》、《电力设施保护条例实施细则》等国家法律、法规和规定。运行维护工作必须贯彻安全第一、预防为主、综合治理的方针。

4.2 运行单位应参与装置的布点、设备选型、验收等工作，根据历年反事故措施、安全措施的要求和运行经验，提出改进建议，力求设计、选型、施工与运行协调一致。

4.3 运行单位应建立运行维护岗位责任制，明确职责，并建立设备台账，定期清查核对，至少一年一次，保证账物相符。

4.4 运行单位应做好装置的运行、巡视、维护检修工作，并根据设备运行情况，制定工作重点，解决设备存在的主要问题。

4.5 日常检修维护过程中，须加强对台区无功情况的掌控和考核，及时制订补偿容量调整方案。

4.6 运行人员应进行技术培训，认真做好所管辖装置的巡视、维护和缺陷填报工作，建立健全运行资料档案，及时处理缺陷。

5 运行技术要求

5.1 装置的运行除应满足 GB/T 22582—2008 第4、5、6、7 章的规定外，还应满足如下要求：
   a) 为便于运行维护，无功补偿装置箱及附件锁应采用通用钥匙。
   b) 补偿装置箱体外壳应保证可靠接地，接地电阻应满足 GB/T 50065 的规定。
   c) 每台装置应配备铭牌，铭牌应坚固、耐用，其位置应位于巡视通道侧容易看到的地方，字迹应清晰耐久。

5.2 指示灯应安装在便于巡视检查的位置，柱上式无功补偿箱体上的电容器投切指示灯应统一安装在箱体下方且应选用高亮度指示灯，保证白天肉眼仍能看清电容器运行状态。

5.3 单条配电线路宜建立无功控制平台，实现在线无功优化装置的运行策略。

6 验收

6.1 装置验收

应按照 GB/T 22582 和 DL/T 842 进行交接试验验收，有通信功能的装置应进行相应试验。

6.2 验收总体要求

6.2.1 验收人员应根据技术协议、设计图纸、技术规范和本规程开展现场验收。

6.2.2 在新投、异动、设备检修过程中，对发现的问题、试验结果和遗留问题等情况应进行检查验收核实，对发现的问题应限时整改，整改完毕应重新验收。

6.2.3 验收完成后，应完成相关图纸的校核修订。

6.2.4 施工单位应将备品、备件及全套资料移交运行单位。

6.3 验收前应具备的条件

验收前应具备下列条件：
   a) 装置已按设计要求施工完毕。
   b) 装置控制参数已按运行单位提供的设置单整定完成。
   c) 交接试验工作全部完成并满足要求。
   d) 施工单位已进行自检，监理单位已出具监理报告，装置无缺陷。
   e) 设备标志牌、警示牌等设施齐全并符合规范要求。

f) 施工场所已清理或恢复完毕。

6.4 资料验收内容

新建、扩建、改造的装置应具备以下相关资料（纸质或电子版资料）：
a) 施工依据文件。
b) 施工组织文件。
c) 装置订货相关文件、订货技术合同或技术协议等。
d) 制造厂提供的主、附件产品合格证书以及中文说明书（应齐全、内容相符），提供的主、附件出厂试验报告和记录。
e) 监造报告（有监造时）。
f) 开箱验收记录。
g) 施工质量文件。
h) 施工安装文件。
i) 交接试验报告、缺陷处理报告等。
j) 设备、特殊工具及备品清单。

6.5 投产

全部验收完成后设备可投入运行，并移交运行单位。

7 运行

7.1 设备巡视

7.1.1 一般要求

a) 运行单位应编制巡视检查工作计划，计划编制应结合装置所处环境、巡视检查历史记录以及状态评价结果进行。
b) 运行人员应根据巡视检查计划开展巡视检查工作，收集记录巡视检查中发现的缺陷和隐患并及时登记。
c) 运行单位应对巡视检查中发现的缺陷和隐患进行分析，及时安排处理并上报上级生产管理部门。
d) 巡视检查分为定期巡视和非定期巡视。

7.1.2 定期巡视

装置巡视宜与10kV线路设备巡视周期一致，并同时进行。根据装置状态评价结果可适当调整巡视周期，重要装置应适当增加巡视次数。

7.1.3 非定期巡视

因恶劣天气、自然灾害、外力破坏等因素影响及电网安全稳定有特殊运行要求时，应组织运行人员开展特殊巡视。

7.1.4 巡视检查内容

a) 装置周围环境无危害安全运行的隐患。
b) 装置标识牌齐全、内容正确、字迹清楚，运行指示灯状态正常。
c) 装置柜体无脱漆、锈蚀，柜体的散热孔、穿线孔完好，柜体焊口无裂纹、无破损的孔洞、无鼠迹。当有开柜机会时，柜内无严重积尘、积水情况。
d) 当有开柜机会时，装置的本体和连接线连接牢固，导线、开关连接点无过热现象，绝缘部件表面无闪络放电痕迹，柜内无异常气味、无异常声响。

7.2 维护检查

a) 检查前电容器放电至少5min。
b) 配电房室内的温度应符合装置的运行要求，宜建立室内温度记录档案。
c) 运行时装置的电压、电流等参数应符合要求，不应过电压、过电流运行。

DL/T 1417—2015

    d) 必要时应根据谐波测试结果评价装置运行条件。
    e) 发现异常时应开展红外测温检测。
    f) 线路、设备停电检修时，应同步开展装置缺陷处理、电容器容量、开关性能等测试。
    g) 检查装置计量表计显示应正常，电容器投切前后的无功功率应有变化。

7.3 缺陷类别及处理
7.3.1 缺陷类别
    a) 运行指示灯积尘、损坏。
    b) 装置标识牌脱落、字迹模糊。
    c) 装置柜体脱漆、锈蚀，柜体的散热孔封堵、穿线孔漏缝。
    d) 装置的连接线连接松动。
    e) 柜体焊口裂纹，柜内严重积尘、积水。
    f) 电容器容量衰减。
    g) 影响正常运行的其他隐患。

7.3.2 缺陷处理
    a) 指示灯除尘或更换。
    b) 更换装置标识牌。
    c) 装置柜体重新喷漆，疏通柜体的散热孔、封堵穿线孔。
    d) 紧固装置的连接线，检查开关连接点是否过电流。
    e) 重新焊接柜体接口，柜内除尘、排水。
    f) 更换电容器。
    g) 其他针对性措施。

7.4 故障类别及处理
7.4.1 故障类别
    a) 内部有异常响声。
    b) 绝缘子破损。
    c) 接头过热、熔化。
    d) 电容器爆炸、起火、鼓肚。
    e) 装置通信故障。
    f) 控制器失效。
    g) 投切器件失效。
    h) 避雷器损坏。
    i) 影响运行的其他故障。

7.4.2 故障查找与隔离
    a) 装置发生故障，根据故障信息，对故障点位置进行初步判断，并组织人员进行故障巡视。
    b) 如未发现明显故障点，应在保证安全的情况下对所涉及的元件进一步进行故障点查找。
    c) 电容器若发生鼓肚、爆裂等，装置应退出运行。
    d) 故障点查出后，应将其与其他带电设备隔离，并做好满足故障点查寻及处理的安全措施。
    e) 现场切除电容器后至少间隔 5min 才可重新投入运行。

7.4.3 故障修复
    a) 装置发生故障，应及时组织维修和更换。
    b) 故障修复应按照装置安装工艺要求进行，确保修复质量。
    c) 故障修复后，应按规定进行试验，经验收合格后，方可投入运行。

7.4.4 故障分析
a) 装置故障处理完毕，应进行故障分析，查明故障原因，制定防范措施，完成故障分析报告。
b) 故障记录主要内容应包括故障情况、装置基本信息、处理方法和过程描述等。

7.4.5 故障资料
a) 装置故障查寻资料应妥善保存归档，以便以后故障查寻时对比。
b) 每次故障修复后，应按要求认真填写故障记录、修复记录和试验报告，及时完善有关装置资料。

8 资料管理

8.1 设备资料
a) 装置技术资料应有专人管理，资料清册应目录齐全、分类清晰、一台一档、检索方便。
b) 资料应包括生产厂家、出厂日期、安装地点、装置型号规格、总容量、接线方式、安装方式、投运日期、控制器型号、投切器件、电容器型号等信息。
c) 应根据装置的变动情况，及时更新相关技术资料，确保与实际情况相符。

8.2 生产管理资料
生产管理资料应包括下列内容：
a) 年度技改、大修计划及完成情况统计表。
b) 试验统计表。
c) 反事故措施计划。
d) 故障统计报表、故障分析报告。

8.3 运行资料
运行资料应包括下列内容：
a) 投切记录（有自动记录功能）。
b) 巡视检查、测试记录。
c) 外力破坏防护记录。
d) 隐患排查治理及缺陷处理记录。
e) 温度测量记录（如有）。
f) 故障处理资料。

9 备品备件
a) 运行单位应根据有关规定，制定装置备品管理制度，规范备品验收、入库、保管、领用、补充等工作。
b) 运行单位应备足装置进行故障或缺陷修理时所需的常用性材料，包括电容器、控制器、继电器、复合开关等。
c) 运行中装置备品数量应在分析故障率的基础上，综合考虑实际情况与资金成本确定并及时补充。
d) 装置备品应储存在清洁、干燥、宽敞、易取放的专用地方。
e) 备品包装箱外应标明备品材料名称、入库日期和有效期。

10 报废
装置不能正常工作且无法修复时，应停止其使用，并按资产管理有关规定办理报废手续。

11 运行管理人员技术要求

11.1 技术管理人员应具备的能力
a) 熟悉相关法律法规、制度、规程、标准等。

b) 熟悉装置的使用手册，对设备重要缺陷及故障具备一定的分析能力，了解技术发展的动态。

11.2 巡视检测人员应具备的能力

    a) 熟悉相关法律法规、制度、规程、标准等。

    b) 熟悉装置的基本理论知识、故障查找方法、试验及检测技术。

中 华 人 民 共 和 国
电 力 行 业 标 准
低压无功补偿装置运行规程
DL/T 1417—2015

＊

中国电力出版社出版、发行
（北京市东城区北京站西街19号　100005　http://www.cepp.sgcc.com.cn）
北京博图彩色印刷有限公司印刷

＊

2015年12月第一版　　2015年12月北京第一次印刷
880毫米×1230毫米　16开本　0.5印张　14千字
印数0001—3000册

＊

统一书号 155123・2616　　定价 **9.00**元

敬 告 读 者

本书封底贴有防伪标签，刮开涂层可查询真伪
本书如有印装质量问题，我社发行部负责退换

版 权 专 有　　翻 印 必 究

中国电力出版社官方微信

掌上电力书屋

1551232616

ICS 73.100
D 97
备案号：47881-2015

中华人民共和国能源行业标准

NB/T 51016—2014

煤矿用液压支架过滤器

Power support filters for coal mine

2014-10-15发布　　　　　　　　　　　　　　　　2015-03-01实施

国家能源局　发 布